FORSCHUNGSBERICHTE DES LANDES NORDRHEIN-WESTFALEN

Nr. 2148

Herausgegeben im Auftrage des Ministerpräsidenten Heinz Kühn
von Staatssekretär Professor Dr. h. c. Dr. E. h. Leo Brandt

Prof. Dr.-Ing. Dr.-Ing. E. h. Walther Wegener, F. T. I.
Dr.-Ing. Peter Ehrler

Institut für Textiltechnik der Rhein.-Westf. Techn. Hochschule Aachen

Das Problem der Vorgarnvergleichmäßigung beim Streichgarn-Selfaktor

Springer Fachmedien Wiesbaden GmbH 1970

ISBN 978-3-663-06015-4 ISBN 978-3-663-06928-7 (eBook)
DOI 10.1007/978-3-663-06928-7

Verlags-Nr. 012148

Ursprünglich erschienen bei Westdeutscher Verlag GmbH, Köln und Opladen 1970

Gesamtherstellung: Westdeutscher Verlag ·

Inhalt

1. Einleitung

Ein wesentliches Charakteristikum konventioneller Spinnprozesse ist das Streckwerk [1]. Es besteht im Prinzip aus zwei Walzenpaaren, zwischen denen der Faserverband verzogen wird. Während des Verzuges, d. h. im *Verzugsfeld*, müssen die Fasern geführt werden. Diese Faserführung erfolgt entweder mit mechanischen Mitteln, d. h. mit Durchzugswalzen bzw. Riemchen, oder durch eine Drehung des Faserverbandes. Im letztgenannten Fall kann Falschdraht oder Echtdraht verwendet werden, wobei sich die gleiche Wirkung ergibt: Durch die Verdrehung werden die Fasern gegeneinander gepreßt, so daß die Reibung zwischen ihnen anwächst und die freie Beweglichkeit eingeschränkt ist.

Im Fall des *Selfaktorspinnens*, bei dem ein Faserverband während des Verzuges echte Drehungen aufweist, dient die Drehung nicht nur zur Faserführung, sondern auch zur Verzugskontrolle. Sie ist hierbei gleichsam das Regelglied eines geschlossenen Regelkreises. Der Wirkungsmechanismus dieses Regelkreises läßt sich wie folgt beschreiben: »Dicke« Faserverbandsabschnitte (mit einer großen Faseranzahl im Querschnitt) erhalten weniger Drehungen als »dünne« Faserverbandsabschnitte. Eine höhere Drehung hat eine größere Normalkraft zur Folge, wodurch dem Verzug ein größerer Widerstand entgegengesetzt wird. Daraus resultiert ein von der Faseranzahl abhängiger Verzug, d. h. »dickere« Faserverbandsabschnitte werden stärker verzogen als »dünnere« Abschnitte.

Der Wirkungsmechanismus des Regelkreises »Faseranzahl-Drehung-Verzugsgröße« müßte eine Vorgarnvergleichmäßigung ermöglichen. Diese Ansicht wird auch in der Fachliteratur und in Spinnereikreisen vertreten. Es ist das Ziel der Verfasser, den Wirkungsmechanismus experimentell zu untersuchen, um die Frage zu klären: Unter welchen Bedingungen wird beim Selfaktor-Verzug das Vorgarn tatsächlich vergleichmäßigt?

Diese Frage hat sowohl eine praktische als auch eine theoretische Bedeutung. Die praktische Bedeutung liegt auf dem Feld der Prozeßführung. Hier gibt es sehr unterschiedliche Ansichten über die »beste« Verzugsart, so daß je nach der persönlichen Erfahrung der »Wagenverzug« *sV*, der »gleichbleibende Verzug« *kkV* oder der »steigende (kontinuierliche) Verzug«[1] angewendet wird. Die theoretische Bedeutung der Frage ist evident: Das Problem der während eines Verzugsvorganges erforderlichen Faserführung und Faserkontrolle ist in der Verzugstheorie unvermindert aktuell [1].

Die Frage, ob ein Vorgarn auf dem Selfaktor tatsächlich vergleichmäßigt werden kann, wurde schon von mehreren Forschern diskutiert [2 bis 13]. Wird die Untersuchung Sattlers [2] ausgenommen, so beziehen sich alle Versuche auf Modellselfaktoren, deren Produktionsbedingungen nicht den praktischen Gegebenheiten entsprechen.

Die Messungen Sattlers [2] erfolgten an einem Differentialselfaktor. Sie entsprechen somit nicht mehr dem derzeitigen Stand der Technik (MaK-Standspinner) und bedürfen der Ergänzung.

Das unter dem Aspekt der möglichen Produktionsgeschwindigkeit aktuelle Problem der Vorgarnvergleichmäßigung fand bislang keine Beachtung in der Literatur. Ihm soll in der vorliegenden Abhandlung ebenfalls Aufmerksamkeit geschenkt werden.

1 Die Bezeichnung der Verzüge in der Literatur und in den Spinnereien ist nicht einheitlich. Deshalb werden hier die am meisten üblichen Begriffe verwendet.

2. Theoretische Betrachtungen

Die Masse-Ungleichmäßigkeit eines Faserverbandes hängt u. a. von dessen mittlerer Faseranzahl ab. Je geringer die mittlere Faseranzahl ist, desto größer wird, unabhängig von dem verarbeitungsbedingten Anteil an Ungleichmäßigkeit, die gesamte Masse-Ungleichmäßigkeit sein. Im Idealfall, d. h. wenn der verarbeitungsbedingte Anteil Null ist, liegt ein Faserverband vor, dessen Faseranzahl-Verteilung definitionsgemäß einer Poissonverteilung folgt. Die Masse-Ungleichmäßigkeit dieses sogenannten idealisierten Faserverbandes läßt sich nach der Martindale'schen Formel

$$(1) \qquad CB_{id}\,(0) = \frac{100}{\sqrt{\bar{N}_{FA}}} \sqrt{1 + 0{,}0001\, V_F^2}$$

mit

$\bar{N}_{FA}$ = mittlere Faseranzahl
V_F = längenbetonter Variationskoeffizient der Faserquerschnittsfläche in %

berechnen. Diese Beziehung gilt exakt für die Summationslänge $L = 0$ und in guter Näherung für Summationslängen $L \leqq 8$ mm. Die CB_{id}-Werte größerer Summationslängen lassen sich mit relativ geringem Aufwand nach der »Überlagerungsmethode« berechnen (Wegener [14] und Hoth [14]).
Wird ein »idealisierter« Faserverband verzogen, so bleibt unter idealen Verzugsbedingungen die Poissonverteilung der Faseranzahl erhalten und nur der Mittelwert $\bar{N}_{FA}$ ändert sich. Wegen der kleineren Faseranzahl weist der verzogene »idealisierte« Faserverband höhere $CB_{id}(L)$-Werte auf (Beziehung (1)). Und zwar gilt für die Summationslänge $L = 0$:

$$(2) \qquad \frac{CB_{id,n}\,(0)}{CB_{id,v}\,(0)} = \frac{\sqrt{\bar{N}_{FA,v}}}{\sqrt{\bar{N}_{FA,n}}}$$

mit

$$(3) \qquad \frac{\bar{N}_{FA,v}}{\bar{N}_{FA,n}} = d$$

Hierin bedeuten:

d = Verzugsgröße
v = vor dem Verzug } Indices
n = nach dem Verzug }

Damit läßt sich schreiben:

$$(2a) \qquad \frac{CB_{id,n}\,(0)}{CB_{id,v}\,(0)} = \sqrt{d}$$

Mit anderen Worten [15]: Weist ein »idealisierter« Faserverband *nach* einem Verzug einen um $\sqrt{d}$ größeren Variationskoeffizienten auf, so ist durch den Verzug *keine zusätzliche* Ungleichmäßigkeit entstanden. Die Faseranordnung bleibt demnach erhalten und nur die Abstände zwischen den führenden Faserenden haben sich um das d-fache vergrößert.

Reale Faserverbände zeichnen sich dadurch aus, daß ihre Faser*anordnung* von der des entsprechenden »idealisierten« Faserverbandes abweicht, wohingegen die Faser*abmessungen* beider Faserverbände miteinander übereinstimmen. Wird ein realer Faserverband verzogen und bleibt dabei die Faseranordnung unverändert, so muß aus Analogiegründen die Beziehung (2a) anwendbar sein:

(2b) $$\frac{CB_n(0)}{CB_v(0)} = \sqrt{d}$$

Führt dagegen eine Messung zu dem Ergebnis

(2c) $$\frac{CB_n(0)}{CB_v(0)} < \sqrt{d},$$

so hat sich die Faseranordnung *verändert*, d. h. die Faseranordnung weicht *nach* dem Verzug weniger von der »idealisierten« Faseranordnung ab als vor dem Verzug. Diese Verringerung der Abweichung, und nur diese, kann als »*Vergleichmäßigung*« verstanden werden.

Die vorstehenden Überlegungen lassen sich auch an Hand des Ungleichmäßigkeits-Index K (Huberty-Faktor) aufzeigen. Unter der Voraussetzung einer konstanten Faserlängenverteilung wird durch den K-Wert

(4) $$K = \frac{CB(0)}{CB_{id}(0)}$$

die Abweichung der realen von der »idealisierten« Faseranordnung (»Entropie«) gekennzeichnet [15]. Je größer diese Entropie ist, desto mehr unterscheidet sich der K-Wert von Eins. Der »idealisierte« Faserverband ist, unabhängig von seiner mittleren Faseranzahl, durch den Wert $K = 1$ definiert. Wenn ein »idealisierter« Faserverband also einem »idealen« Verzug unterworfen wird, dann bleibt der Wert $K = 1$ erhalten, weil sich die Entropie nicht ändert. Diese Aussage muß, ebenfalls aus Analogiegründen, auch für Werte $K \neq 1$ gelten, d. h.

(5) $$K_v = K_n$$

für einen »idealen« Verzug. Die Beziehungen (2b) und (5) stimmen hinsichtlich ihrer Aussage miteinander überein. Im Fall einer Vergleichmäßigung muß sich demnach ergeben:

(5a) $$K_v > K_n$$

Die Definition des K-Wertes ist nicht auf die Summationslänge $L = 0$ beschränkt, so daß sich schreiben läßt:

(4a) $$K(L) = \frac{CB(L)}{CB_{id}(L)}$$

Die $K(L)$-Werte beliebiger Summationslängen sind dabei ebenso groß wie der K-Wert, so daß jeder $K(L)$-Wert ein und dieselbe Aussage über die Entropie liefert [15]; vorausgesetzt, daß erstens ein einzelner Faserverband betrachtet wird, d. h. keine »Querstreuung« existiert, zweitens eine konstante Faserlängenverteilung vorliegt und drittens die Masseschwankungen des Faserverbandes einem stationären Prozeß folgen.

Die vorstehenden Betrachtungen beziehen sich auf die *Masse*-Ungleichmäßigkeit eines Faserverbandes. Leider kann die theoretisch untermauerte Masse-Ungleichmäßigkeit nicht immer als Qualitätsmerkmal verwendet werden, weil das übliche Meßverfahren (kapazitive Methode) bei Mischgarnen keine eindeutigen Ergebnisse liefert. In diesem Fall sollte dem Qualitätsmerkmal »Ungleichmäßigkeit des projizierten Fadenquerschnittes« (kurz als »optische Ungleichmäßigkeit« bezeichnet) der Vorzug gegeben werden. Die *optische* Ungleichmäßigkeit weist im Vergleich zur Masse-Ungleichmäßigkeit einen Nachteil auf: Ihre Größe läßt sich bisher nicht exakt an Hand eines »idealisierten« Faserverbandes, d. h. nicht quantitativ beurteilen. Versuche[2] zur Definition eines »idealisierten« Faserverbandes wurden zwar unternommen, jedoch scheiterten sie an dem quantitativ unbekannten Zusammenhang zwischen der Masse- und der Drehungsverteilung eines Faserverbandes.

Bei einer *qualitativen* Beurteilung eines optisch gemessenen Ungleichmäßigkeitswertes $CB_Q(L)$ kann von dem Zusammenhang

$$(5) \qquad CB_Q(0) \approx 0{,}5 \cdot CB(0)$$

ausgegangen werden, der zumindest in erster Näherung gilt. Dabei bleibt der Einfluß der Drehungsverteilung unberücksichtigt. Mit anderen Worten: Bei *konstantem* Drehungskoeffizienten

$$(6) \qquad \alpha = D \sqrt{\frac{Tt}{1000}}$$

mit D als Drehung in m^{-1} und Tt als Titer in $\frac{g}{1000\ m}$ wird also auch die optische Ungleichmäßigkeit $CB_Q(L)$ mit abnehmender Faseranzahl ansteigen. Wenn durch einen Verzug die optische Ungleichmäßigkeit $CB_Q(L)$[3] eines Faserverbandes entweder nicht wesentlich größer oder sogar geringer wird, so kann daraus, analog zu den Überlegungen für die Masse-Ungleichmäßigkeit, auf eine Vergleichmäßigung geschlossen werden. Bei den weiteren Betrachtungen wird auf diese Definition der Vergleichmäßigung zurückgegriffen.

Das vom Krempelsatz kommende Vorgarn ist genitschelt, d. h. ohne echten Draht, und weist eine sehr geringe Festigkeit auf. Wegen der fehlenden echten Drehung läßt sich an ihm die »optische« Ungleichmäßigkeit nicht ermitteln, und die geringe Festigkeit macht eine automatische Messung unmöglich. Aus diesen beiden Gründen mußte das Vorgarn vor der Messung einen Schutzdraht erhalten. Dabei war durch ein Experiment zu klären, ob sich die Vorgarn-Ungleichmäßigkeit, und zwar die Masse-Ungleichmäßigkeit, durch die Drehungserteilung verändert. Bleibt die Masse-Ungleichmäßigkeit unverändert, so soll vereinbarungsgemäß die optische Ungleichmäßigkeit des gedrehten Vorgarnes als Bezugsmaß für diejenige des Feingarnes angesehen werden.

Die an ein und demselben Faserverband ermittelten $CB(L)$-Werte verschiedener Summationslängen bilden eine Kennfunktion, welche durch die »$CB(L)$-Kurve« gegeben ist. Jeder dieser $CB(L)$-Werte ist ein Maß für die Ungleichmäßigkeit *innerhalb* eines einzelnen Faserverbandes (»Längsstreuung«). Häufig wird aber nicht nur *ein* Faserverband, sondern eine größere Anzahl von Faserverbänden in die Messung einbezogen. Dabei ist es üblich, die verschiedenen Faserverbände aneinanderzuknoten und für den so entstandenen Faden die $CB(L)$-Werte verschiedener Summationslängen zu ermitteln. In diesen $CB(L)$-Werten ist sowohl die Ungleichmäßigkeit innerhalb jedes

[2] Zusammenfassend berichten darüber SUST [16] und BARELLA [16].

[3] Bei den weiteren Betrachtungen werden die Werte der optischen Ungleichmäßigkeit nur als $CB(L)$ bezeichnet.

Faserverbandes als auch der Unterschied zwischen der Ungleichmäßigkeit verschiedener Faserverbände (»Querstreuung«) enthalten.

Die »Längsstreuung« wird im wesentlichen durch die Funktion einer einzelnen Arbeitsstelle, beispielsweise einer Verzugseinrichtung bestimmt. Aus ihrer Größe läßt sich also tatsächlich auf die Güte dieser Funktion, d. h. auf den technologischen Prozeß selbst, schließen. Die »Querstreuung« ist ein Ausdruck der unvermeidbaren unterschiedlichen Arbeitsweise zwischen verschiedenen Arbeitsstellen. Dieser Unterschied wird aber im allgemeinen nicht durch technologische Parameter, sondern durch die Konstruktion und die Wartung der Maschinen sowie durch die betriebliche Organisation beeinflußt. Wenn also an Hand der Ungleichmäßigkeit die Wirksamkeit technologischer Parameter untersucht werden soll, so interessiert allein der Anteil der »Längsstreuung« an der Ungleichmäßigkeit. Unter diesem Aspekt wäre es also ausreichend, die Ungleichmäßigkeit an einem Faserverband einer einzigen Arbeitsstelle zu ermitteln. Aus statistischen Gründen muß allerdings die *mittlere* Ungleichmäßigkeit (»mittlere Längsstreuung«) mehrerer Faserverbände, die von verschiedenen Arbeitsstellen stammen können, ermittelt werden.

Diese an zum Beispiel 20 Faserverbänden bestimmte mittlere Ungleichmäßigkeit ist kleiner als die an den gleichen Faserverbänden ermittelte Gesamt-Ungleichmäßigkeit. Dies läßt sich durch eine einfache Varianzanalyse beweisen:

Es liegen M Faserverbände vor, deren Länge jeweils L_a beträgt. Aus jedem Faserverband werden N Abschnitte der Länge L in die Messung einbezogen. Dabei gilt:

$$L_p = M \cdot L_a$$

$$N \cdot L \leqq L_a$$

mit L_p als gesamter Prüflänge. Im Sinne einer einfachen Varianzanalyse läßt sich jeder Faserverband der Länge L_a als »Gruppe« auffassen, wobei jede Gruppe N Einzelwerte enthält. Die Varianz s^2_{ges} zwischen allen vorhandenen Abschnitten, d. h. die Gesamt-Varianz von $M \cdot N$ Abschnitten, kann unter Berücksichtigung der Freiheitsgrade in eine Varianz s^2_{zG} zwischen den Gruppen (Faserverbänden) und eine Varianz s^2_{iG} innerhalb der Gruppen zerlegt werden:

(7) $$s^2_{\text{ges}}(M \cdot N - 1) = s^2_{zG}(M - 1) + s^2_{iG} M(N - 1)$$

bzw.

(7a) $$\sum_j \sum_i (x_{ji} - \bar{\bar{x}})^2 = \sum_j (\bar{x}_j - \bar{\bar{x}})^2 + \sum_j \sum_i (x_{ji} - \bar{x}_j)^2$$

$$i = 1 \ldots N \qquad j = 1 \ldots M$$

Der Ausdruck

$$\sum_j \sum_i (x_{ji} - \bar{x}_j)^2 \quad \text{bzw.} \quad s^2_{iG} \cdot M(N - 1)$$

ist, wie es sich ohne weiteres einsehen läßt, der mittleren Varianz der verschiedenen Faserverbände proportional. Diese mittlere Varianz, d. h. die Varianz innerhalb der Gruppen, wird im allgemeinen kleiner als die Gesamt-Varianz sein, weil

$$s^2_{\text{ges}} = s^2_{iG} \quad \text{für} \quad M = 1$$

und

$$s^2_{\text{ges}} = s^2_{zG}$$

d. h.

$$s^2_{iG} = 0 \quad \text{für} \quad N = 1$$

ist. Somit wird, und dies war zu beweisen, die »mittlere Längsstreuung«[4] $CB^*(L)$ kleiner als die Gesamt-Ungleichmäßigkeit $CB(L)$ sein, wenn

$$CB^*(L) = \frac{s_{iG}(L)}{\bar{\bar{x}}(L)}\, 100 \tag{8}$$

und

$$CB(L) = \frac{s_{\text{ges}}(L)}{\bar{\bar{x}}(L)} \cdot 100 \tag{8a}$$

$$\bar{\bar{x}}(L) = \bar{\bar{x}}$$

ist. Dabei entspricht die Größe L der Länge der einzelnen Fadenabschnitte (den Einzelwerten $x_{ji}(L)$ entsprechend).

Die $CB^*(L)$- und die $CB(L)$-Werte sind längenabhängig, weil die Summationslänge L die Abweichung der x_{ji}-Werte von den Mittelwerten $\bar{x}_j$ bzw. vom Gesamt-Mittelwert $\bar{\bar{x}}$ beeinflußt. Die Mittelwerte $\bar{x}_j$ und $\bar{\bar{x}}$ dagegen bleiben von der Summationslänge L unbeeinflußt, so daß die Varianz zwischen den Gruppen, d. h. die »Querstreuung« konstant ist. Daraus folgt: Der relative Anteil a der »Querstreuung« CB^{**} an der Gesamt-Ungleichmäßigkeit $CB(L)$ nimmt mit wachsender Summationslänge zu, d. h. es ist

$$a = \frac{CB^{**}}{CB(L)} = f(L).$$

Übliche Schätzwerte dieses Anteils betragen

für $L \approx 10^1$ mm etwa $a = 10^{-2}$ und
für $L \approx 10^4$ mm etwa $a = 5 \cdot 10^{-1}$.

3. Versuchsdurchführung

Die vorliegenden Untersuchungen wurden an einem Standspinner des Typs MaK 644 V (Abb. 1) durchgeführt. Mit diesem ist den Gegebenheiten entsprechend eine weitgehend variable Einstellung der Prozeßparameter »Spindeldrehzahl-Charakteristik« (Spindeldrehzahl als Funktion des Wagenweges), »Ausfahrtszeit« (Zeit für den Weg des Wagens von der inneren in die äußere Totlage), »Verzugsart« und »Verzugsgröße« möglich. Bei den Versuchen wurden die einzelnen Parameter wie folgt verändert:

1. *Ausfahrtszeit* (Abb. 2)
   $t_4 = 13{,}3\ s$
   $t_8 = 6{,}6\ s$

[4] Nachfolgend wird die »mittlere Längsstreuung« der optischen Ungleichmäßigkeit kurz als »optische Ungleichmäßigkeit« bezeichnet.

2. *Verzugsart* (Abb. 3)
Wagenverzug *sV*
gleichbleibender Verzug *kkV*
steigender Verzug *skV*

Beim Wagenverzug wird der gesamte Faserverband gleichzeitig, und zwar nur in der letzten Phase der Wagenausfahrt verzogen, beim gleichbleibenden Verzug und beim steigenden Verzug dagegen während der gesamten Wagenausfahrt. Der steigende Verzug verändert sich proportional mit dem zurückgelegten Wagenweg, und zwar steigt die Verzugsgröße linear an. Bei *konstanter* mittlerer Verzugsgröße $d(skV)$ kann die minimale Verzugsgröße $d(skV_u)$ beliebig gewählt werden:

$$d(skV) = \frac{d(skV_o) + d(skV_u)}{2}$$

mit $d(skV_o)$ als der maximalen Verzugsgröße.
Deshalb wurde bei der Verzugsart *skV* auch die Differenz Δd

$$\Delta d = d(skV_o) - d(skV_u)$$

variiert. Eine Differenz von 0,15 wird als *skV* 15 bezeichnet. Bei den Versuchen fanden

skV 15, *skV* 30 und *skV* 45

Verwendung.

3. *Verzugsgröße d*

Die Verzugsgröße *d* ist das Verhältnis

$$d = \frac{s_W}{L_V}$$

Hierin bedeuten:

s_W = Weg, den der Wagen bei der Ausfahrt zurückgelegt hat, in cm;
L_V = Vorgarnlänge, die auf dem Weg s_W in das Verzugsfeld eingespeist wird, in cm.

Dabei entspricht ein Zahlenwert $d = 1{,}15$ der in Streichgarnspinnereien üblichen Angabe »15%iger Verzug« oder $d = 15\%$. Die verwendeten Verzugsgrößen betrugen

$$d = 15\%;\ 30\%;\ 45\%.$$

4. *Schließdraht-Charakteristik*

Die Spindeldrehzahl-Charakteristik (Abb. 4), die Verzugsart und die Verzugsgröße bestimmen während des Verzuges den Zustand des Faserverbandes. Je geringer bei konstanter Ausfahrtszeit die Spindeldrehzahl gewählt wird, desto weniger *geschlossen*, d. h. desto mehr verzugsfähig ist der Faserverband. Die den »Fadenschluß« bestimmende Drehung wird als »Schließdraht« bezeichnet. Der momentane, im Verzugsfeld herrschende Schließdraht ist eine Funktion des zurückgelegten Wagenweges s_W (Schließdraht-Charakteristik). Bei der vorliegenden Untersuchung wurden für jede Parameterkombination[5] aus der »Verzugsart«, der »Verzugsgröße« und der »Ausfahrtszeit« drei

[5] Jede Parameterkombination entspricht einem »Versuch«.

verschiedene Schließdraht-Charakteristiken SC bereitgestellt. Sie lassen sich durch die Begriffe

langsamer Fadenschluß SC 1
schneller Fadenschluß SC 2
und maximal möglicher, d. h. sehr schneller Fadenschluß SC 3

kennzeichnen. Ein Beispiel für derartige Charakteristiken ist in der Abb. 5 dargestellt. Aus technischen Gründen lassen sich gewisse Unterschiede zwischen gleichartigen Charakteristiken, z. B. zwischen SC 1 bei der Ausfahrtszeit t_4 und SC 1 bei der Ausfahrtszeit t_8, nicht vermeiden. Die Abweichungen betragen maximal 5%.
Die berechneten Schließdraht-Charakteristiken beruhen auf einer wesentlichen Voraussetzung, nämlich, daß beim »Wagenverzug« und beim »steigenden Verzug« der gesamte im Verzugsfeld vorhandene Faserverband *gleichzeitig* verzogen wird, wohingegen beim »gleichbleibenden Verzug« nur der jeweils eingespeiste Faserverbandsabschnitt einem Verzug unterliegt.
Die mittlere Vorgarnfeinheit betrug 140 tex. Durch den Verzug ergaben sich mittlere Garnfeinheiten von

122 tex bei $d = 15\%$,
108 tex bei $d = 30\%$ und
97 tex bei $d = 45\%$.

Die *gesamte* einem Faserverband jeweils erteilte Drehung entsprach einem Soll-Drehungskoeffizienten von $\alpha = 120$.
Das Vorgarn bestand aus 90% Wolle und 10% Polyamidfasern. Die Faserlängenverteilung des Vorgarnes (Abb. 6) mit der mittleren Länge $\bar{L}_F = 25{,}8$ mm und dem Variationskoeffizienten $V_F = 90{,}4\%$ wurde durch eine Einzelfasermessung (1000 Fasern) bestimmt. Der mittlere Faserdurchmesser aller im Vorgarn enthaltenen Fasern ergab sich an Hand einer Lanametermessung zu 22,0 μm; der Variationskoeffizient beträgt 42,2%.
Wegen der durch die Florteilung im Krempelsatz [17, 18] bedingten Querstreuung der Vorgarnfäden wurden die für die Messungen verwendeten Vorgarnwalzen stets von einer bestimmten Stelle des Florteilers entnommen.
Der verwendete Selfaktor war mit 500 Spindeln bestückt. Für die Versuche wurden nur 80 Spindeln verwendet (4 Vorgarnwalzen mit je 20 Vorgarnfäden). Diese Anzahl Vorgarnfäden wurde benötigt, um eine einwandfreie Funktion des Auf- und des Gegenwinders zu gewährleisten. Die Ausgangslänge, d. h. der während der Wagenausfahrt zurückgelegte maximale Weg betrug 250 cm. Das Restfadenstück war einheitlich 12 cm lang.
Um das Vorgarn in eine für die optische Messung geeignete Form zu bringen, erhielt es auf dem Selfaktor eine Schutzdrehung (Kap. 2). Dabei stimmte der Soll-Drehungskoeffizient mit dem der Feingarne überein ($\alpha = 120$), so daß der Einfluß der Drehungsverteilung auf die optische Ungleichmäßigkeit annähernd konstant blieb. Die mittlere Garnfeinheit blieb trotz der Drehungserteilung erhalten, weil sich ein geringer, für das Spinnen erforderlicher Anspannverzug und die Eindrehung näherungsweise gegeneinander aufhoben.
Wie schon erwähnt wurde, war der Selfaktor mit jeweils 4 Vorgarnwalzen bestückt. Aus einer Vorgarnlänge von jeweils etwa 700 m erfolgte die Verspinnung der Fäden für 6 Versuche:

»Blindversuch« – dem Vorgarn wurde ohne Verzug ein Schutzdraht erteilt;
»Parameter-Versuche« – ein und dieselbe Parameterkombination von Ausfahrtszeit, Verzugsgröße und Schließdraht-Charakteristik; es änderte sich der Parameter »Verzugsart« in der Reihenfolge *sV*, *kkV*, *skV* 15, *skV* 30, *skV* 45.

Bei jeder aus 4 Vorgarnwalzen bestehenden Gruppe wurde der Blindversuch unter gleichen Bedingungen wiederholt.

4. Optische Ungleichmäßigkeit der Streichgarne

4.1 Untersuchungen am Vorgarn

Die optische Ungleichmäßigkeit läßt sich nur an gedrehten Faserverbänden, d. h. an Fäden, ermitteln. Deshalb mußte das als Bezugsbasis dienende Vorgarn eine Schutzdrehung erhalten, bevor seine optische Ungleichmäßigkeit bestimmt werden konnte. Es ist nicht möglich zu untersuchen, ob die optische Ungleichmäßigkeit durch die Schutzdrahterteilung verändert wird. Eine derartige Prüfung läßt sich nur hinsichtlich der Masse-Ungleichmäßigkeit durchführen.
Diese Überlegung war der Ausgangspunkt für den nachfolgend beschriebenen Vorversuch. Dabei wurde an ungedrehtem und an gedrehtem Vorgarn die Masse-Ungleichmäßigkeit für 10 cm lange und für 50 cm lange Fadenabschnitte bestimmt (Schneide-Wiege-Methode). Die Faserverbandsabschnitte stammten aus 10 ausgewählten Vorgarnfäden einer Vorgarnwalze. Bei der Summationslänge von $L = 10$ cm wurden von jedem Vorgarnfaden 100 Fadenabschnitte gewogen, insgesamt also 1000 Fadenabschnitte. Bei der Summationslänge von $L = 50$ cm dagegen wurden 50 Fadenabschnitte je Vorgarnfaden geprüft, insgesamt also 500 Fadenabschnitte. Die Prüflänge, aus welcher die Proben stammen, betrug in allen Fällen 50 m je Vorgarnfaden. Zur Erhöhung der Aussagesicherheit wurden jeweils 4 derartige Versuche am ungedrehten und am gedrehten Vorgarn durchgeführt.
Die Ergebnisse sind in der Tab. 1 zusammengestellt. Sie lassen den Schluß zu, daß die Masse-Ungleichmäßigkeit des Vorgarns durch die Schutzdraht-Erteilung nicht verändert wird. Auf Grund dieser Ergebnisse sehen die Verfasser die optische Ungleichmäßigkeit des Vorgarnes als eine brauchbare Vergleichsbasis für die optische Ungleichmäßigkeit der Feingarne an (Kap. 2).

Tab. 1 Masse-Ungleichmäßigkeit CB(L) des Vorgarnes. Vergleich zwischen dem ungedrehten und dem mit Schutzdrehung versehenen Vorgarn

L in cm	Vorgarn ungedreht	Vorgarn gedreht
10	$7{,}8 \pm 0{,}2$	$7{,}7 \pm 0{,}2$
50	$5{,}8 \pm 0{,}2$	$5{,}6 \pm 0{,}2$

L = Summationslänge
Stichprobenanzahl
$N = 4000$ für $L = 10$ cm
$N = 2000$ für $L = 50$ cm
$\pm q$ = Vertrauensbereich des Variationskoeffizienten für eine statistische Sicherheit $S = 95\%$

4.2 Ermittlung der optischen Ungleichmäßigkeit

Die optische Ungleichmäßigkeit wurde mit Hilfe eines fotoelektrisch arbeitenden Meßwertgebers (WEGENER [19] und HEDWIG [19]) und der »Anlage Aachen II« (WEGENER [20]) ermittelt. Durch eine zweimalige an jeweils den gleichen Faserverbänden vorgenommenen Messung ließen sich 9 Punkte der Längenvariationskurve bestimmen, wobei die Summationslängen L

1,8; 8,8; 17,6; 35,2; 88,0; 175,8; 351,7; 879,2 cm

betrugen. Der erste Punkt der Längenvariationskurve, und zwar für $L = 0{,}2$ cm, entspricht der Länge der Meßschlitze (»Doppelschlitzblende B_2« in [19]). Die Meßschlitzbreite betrug bei allen Versuchen 2,0 mm und entsprach damit mindestens dem 2,5-fachen und höchstens dem 3,5fachen Betrag des »Fadendurchmessers«.
Zu jedem am Selfaktor durchgeführten Versuch (Blindversuch bzw. Parameterversuch) wurde eine Längenvariationskurve erstellt, und zwar unter folgenden Bedingungen:

Länge jedes Faserverbandes $L_a = 100$ m
Anzahl der Faserverbände $M = 40$
Ablesung der Meßwerte x_{ji} für jeden einzelnen Faserverband
Berechnung der $CB^*(L)$-Werte (Kap. 2)

Für jede der 18 Parameterkombinationen aus »Schließdraht-Charakteristik«, »Verzugsgröße« und »Ausfahrtszeit« stand eine Gruppe von 4 Vorgarnwalzen zur Verfügung. Dementsprechend mußten 18 Blindversuche durchgeführt werden.
Die $CB^{*2}(L)$-Werte dieser Blindversuche weichen, bei jeweils gleicher Summationslänge L, nur wenig voneinander ab (die Standardabweichung zwischen 18 $CB^{*2}(L)$-Werten liegt in der Größenordnung von 1%). Deshalb wurden die zur gleichen Summationslänge gehörenden 18 $CB^{*2}(L)$-Werte zu einem Mittelwert $\overline{CB^{*2}}(L)$ zusammengefaßt und in $\overline{CB^*}(L) = \sqrt{\overline{CB^{*2}}(L)}$ umgerechnet. Damit liegt ein Maß für die optische Ungleichmäßigkeit des Vorgarnes vor.

4.3 Versuchsergebnisse – Diskussion

Die Wirksamkeit der technologischen Parameter, d. h. die Verzugswirkung, sollte an Hand der optischen Ungleichmäßigkeit untersucht werden. Entsprechend der theoretischen Betrachtungen (Kap. 2) kommen dafür nur die Werte $CB^*(L)$ in Betracht. Sie sind in der Abb. 7a, 7b und 7c als Funktion der Summationslänge L sowie der Parameter Schließdraht-Charakteristik, Ausfahrtszeit, Verzugsgröße und Verzugsart dargestellt. Ihnen sind (als dünn ausgezogene Linien) die Werte $\overline{CB^*}(L)$ der Vorgarnungleichmäßigkeit gegenübergestellt.
Im Bereich kleiner Summationslängen (Zentimeterbereich) vergrößert sich durch den Verzug offensichtlich die optische Ungleichmäßigkeit. Bei größeren Summationslängen wird sie entweder größer, bleibt konstant oder nimmt ab. Diese Aussage gilt für alle Parameterkombinationen. Der Verzug hat also, über größere Faserverbandsabschnitte gesehen, häufig eine vergleichmäßigende Wirkung, über kurze Faserverbandsabschnitte dagegen nicht.
Dieses Phänomen, d. h. die Längenabhängigkeit der Verzugswirkung, bedarf einer kritischen Betrachtung. Die Existenz eines Vergleichmäßigungseffektes vorausgesetzt, wäre nämlich das umgekehrte Resultat, d. h. eine Vergleichmäßigung innerhalb kurzer Faserverbandsabschnitte zu erwarten. Die Diskrepanz läßt sich aus dem Meßverfahren

erklären. Bei dem hier angewendeten Meßverfahren wird der in eine Ebene projizierte Querschnitt ermittelt, und zwar nach dem Durchstrahlverfahren im parallelen Lichtbündel. Die vom Faserverband absorbierte Lichtmenge entspricht der Größe des projizierten Querschnittes. Diese Größe hängt nicht nur von der Faseranzahl, sondern auch von der Faseranordnung ab. Eine konstante Faseranzahl vorausgesetzt, erreicht die Absorption dann ein Minimum, wenn die Fasern in dichter Packung vorliegen und einen Zylinder bilden. Liegen hingegen die Fasern parallel nebeneinander und sind sie in ein und derselben Ebene angeordnet, so ergibt sich eine maximale Absorption. Indes liegt die Absorption eines realen Faserverbandes zwischen diesen beiden Extremwerten, weil zwar der überwiegende Anteil der Fasern näherungsweise einen Zylinder bildet, ein kleiner Anteil der Fasern jedoch aus dem Zylinder herausragt (»Haarigkeit«).

Inwieweit das Meßergebnis durch abstehende Fasern beeinflußt wird, läßt sich an folgendem Beispiel verdeutlichen: Die betrachtete Stelle eines Faserverbandes möge 100 Fasern enthalten. Bei dichtester Packung ist in erster Näherung der Zylinderdurchmesser D_{FV}

$$D_{FV} \approx D_F \sqrt{1{,}5 \cdot 100}$$

mit D_F als Faserdurchmesser. Demnach absorbieren die 100 in Zylinderform angeordneten Fasern annähernd ebensoviel Licht wie 12 nebeneinanderliegende Fasern. Liegen zwei Fasern außerhalb des Zylinders, dann gilt für D_{FV} zwar noch

$$D_{FV} \approx 12\, D_F\,,$$

jedoch ändert sich die Absorption beträchtlich. Sie entspricht jetzt annähernd der von 14 nebeneinanderliegenden Fasern absorbierten Lichtmenge, d. h. sie hat sich durch nur 2 abstehende Fasern um etwa 15% erhöht. Die relative Änderung der absorbierten Lichtmenge, die durch eine abstehende Faser hervorgerufen wird, ist dabei desto größer, je weniger Fasern insgesamt vorhanden sind. Der Einfluß der Haarigkeit auf die optisch ermittelte Ungleichmäßigkeit des Faserverbandes wächst demnach mit abnehmender Faseranzahl. Dabei ist es zu berücksichtigen, daß sich der Einfluß der Haarigkeit natürlich nur bei kurzen Summationslängen bemerkbar macht.

Im Sinne dieser Überlegung ist es verständlich, daß infolge des Verzuges, d. h. infolge der abnehmenden Faseranzahl die optische Ungleichmäßigkeit kleiner Summationslängen ansteigt. Eine eventuelle Vergleichmäßigung wird von diesem Einfluß überdeckt, so daß sie nur im Dezimeter- und im Meterbereich erkennbar ist.

Der Zusammenhang zwischen dem Vergleichmäßigungseffekt und den Parametern Verzugsgröße, Verzugsart, Schließdraht-Charakteristik sowie Ausfahrtszeit ist komplexer Natur (Abb. 7a, 7b und 7c). Es besteht offensichtlich eine enge Wechselwirkung zwischen diesen vier Parametern. Die wesentlichen Aspekte dieser Wechselwirkung lassen sich wie folgt zusammenfassen: Im Vergleich zu den anderen Verzugsarten ergibt sich beim Wagenverzug eine geringere optische Ungleichmäßigkeit, die auch stets als eine Vorgarnvergleichmäßigung interpretiert werden kann. Beim gleichbleibenden und beim steigenden Verzug hängt es von der Verzugsgröße und von der Ausfahrtszeit ab, ob eine Vergleichmäßigung stattfindet oder nicht. Ein hoher Verzug in Verbindung mit einer langen Ausfahrtszeit fördert die vergleichmäßigende Wirkung des Verzuges. Beim steigenden Verzug ist es dabei belanglos, wie groß die Verzugsdifferenz ist.

Die Schließdraht-Charakteristik beeinflußt die optische Ungleichmäßigkeit kleiner Summationslängen dann, wenn ein Verzug von 30% oder 45% angewendet wird. Dabei senkt ein zunehmend schnellerer Fadenschluß[6] die optische Ungleichmäßigkeit. Dieses Phänomen kann zwei Ursachen haben: Da dieses Phänomen nur im Millimeter- und Zentimeterbereich der optischen Ungleichmäßigkeit in Erscheinung tritt, ist es erstens möglich, daß es sich um einen von der Haarigkeit hervorgerufenen Effekt handelt. In diesem Sinne wäre die Haarigkeit also kleiner, wenn der Faserverband während des Verzuges weitgehend geschlossen ist. Zweitens kann das eingangs erwähnte Regelsystem dieses Phänomen hervorrufen, weil es sicher drehungsabhängig arbeitet. Das Regelsystem bleibt sicher wirkungslos, wenn wegen einer zu geringen mittleren Drehung sowohl dünne als auch dicke Faserverbandsabschnitte voll verzugsfähig sind. Vielmehr muß die mittlere Drehung so groß sein, daß die für den Verzug aufzuwendende Verzugskraft bei einer »dicken« Stelle *wesentlich* kleiner als bei einer »dünnen« Stelle ist. In diesem Sinne wäre der »schnelle Fadenschluß« SC 2 dem »langsamen Fadenschluß« SC 1 vorzuziehen.

Aus den im vorliegenden Kapitel erläuterten Ergebnissen ist folgendes Fazit zu ziehen: Unter dem Aspekt einer möglichst großen Vergleichmäßigung des untersuchten Vorgarnes ist es günstig, die Verzugsart Wagenverzug mit einem relativ hohen Verzug, einer relativ langen Ausfahrtszeit und einem nicht zu schnellen Fadenschluß zu kombinieren. Bei dieser Konstellation bleibt allerdings die Produktionsleistung relativ gering. Wenn eine kurze Ausfahrtszeit vorliegt, und sich damit die Produktionsleistung wesentlich erhöht, kann bei annähernd gleich großem Vergleichmäßigungseffekt eine beliebige Verzugsart angewendet werden. Aus einem anderen Grund jedoch erweist sich der gleichbleibende Verzug den anderen Verzugsarten überlegen: Ohne Häufung der Fadenbrüche kann beim gleichbleibenden Verzug, im Gegensatz zum Wagenverzug und zum steigenden Verzug, mit sehr schnellem Fadenschluß gearbeitet werden. Dadurch verringert sich die für die Nachdrahterteilung erforderliche Zeit. Deswegen und wegen der geringeren Fadenbruchhäufigkeit läßt sich eine höhere Produktionsleistung erzielen. Unter dem Aspekt der Wirtschaftlichkeit ist die Parameterkombination gleichbleibender Verzug, relativ hoher Verzug, kurze Ausfahrtszeit und sehr schneller Fadenschluß demnach allen anderen Kombinationen überlegen, ohne daß die optische Ungleichmäßigkeit des Garnes wesentlich größer bzw. überhaupt größer als diejenige des Vorgarnes ist.

Ein Vergleichmäßigungseffekt ist beim gleichbleibenden Verzug zwar nicht in allen Fällen zu erkennen. Es gibt jedoch mehrere auf dieser Verzugsart basierende Parameterkombinationen, bei denen im Dezimeter- und Meterbereich eine Vergleichmäßigung ermittelt wurde. Dieses Ergebnis läßt sich nicht mit der Modellvorstellung, die über den Wirkungsmechanismus des gleichbleibenden Verzuges besteht, erklären. Diese Modellvorstellung basiert auf der Annahme, daß beim gleichbleibenden Verzug nur der momentan aus dem Lieferwerk austretende Faserverbandsabschnitt verzogen wird, dessen Länge in der Größenordnung von Zentimetern liegt. Wenn eine Vergleichmäßigung im Dezimeterbereich und im Meterbereich festgestellt wird, dann muß neben dem am Lieferwerk wirkenden Verzug (»Hauptverzug«) ein weiterer Verzug (»Nebenverzug«) wirksam sein, der das gesamte Verzugsfeld umfaßt. Es ist zu untersuchen (Kap. 5), ob ein derartiger »Nebenverzug« existiert.

[6] Beim sehr schnellen Fadenschluß SC 3 ließ sich der Faserverband nicht mehr mit dem Wagenverzug und nur bedingt mit dem steigenden Verzug verarbeiten. Er war nämlich während der Wagenausfahrt schon soweit geschlossen, daß sich durch das Verziehen die Fadenbrüche häuften. Diese Aussage über die Fadenbruchhäufigkeit ist allerdings nicht statistisch gesichert, weil sich die Beobachtung nur auf 80 Fäden von jeweils 110 m Länge beschränkte.

5. Untersuchungen im Verzugsfeld des Selfaktors

5.1 Masseverteilung im Verzugsfeld

Im Kap. 4.3 wurde auf das Phänomen hingewiesen, daß sich das Vorgarn auch durch den gleichbleibenden Verzug vergleichmäßigen läßt. Dies führte zu der Schlußfolgerung, daß neben dem am Lieferwerk angreifenden Hauptverzug ein Nebenverzug existieren muß, der gleichzeitig im gesamten Verzugsfeld wirkt. Die Existenz eines derartigen Nebenverzuges kann sich nur darin äußern, daß – bezogen auf den zeitlichen Ablauf einer Wagenausfahrt – die Masse der zuerst verzogenen Faserverbandsabschnitte am geringsten ist. Mit anderen Worten: Die im Verzugsfeld anzutreffende Faserverbandsmasse muß mit wachsender Entfernung von der Spindelspitze zunehmen.
Diese eindeutige Forderung wurde experimentell überprüft. Für die entsprechenden Untersuchungen mußte der Standspinner jeweils in dem Moment stillgesetzt werden, wenn die Nachdrahterteilung zwar beendet war, das Abschlagen jedoch noch nicht begonnen hatte. Dann wurden innerhalb desselben Faserverbandes sieben jeweils 10 cm lange Abschnitte markiert, und zwar – bezogen auf ihre Mitte – in folgenden Abständen s_F von der Spindelspitze (in cm): 6; 25; 50; 90; 170; 225; 240[7].
Aus statistischen Gründen mußte diese Untersuchung an jeweils 48 im Verzugsfeld nebeneinanderliegenden Faserverbänden (sie stammten von drei Vorgarnwalzen) durchgeführt werden. Damit ergaben sich mittlere Massewerte $\bar{m}$ (6), $\bar{m}$ (25) usw. Eine Auswahl typischer diesbezüglicher Ergebnisse ist in der Abb. 8 dargestellt.
Unabhängig von der Verzugsart müßte sich in allen Fällen ein konstanter Masse-Verlauf ergeben. Dies ist jedoch nicht der Fall (Abb. 8). Vielmehr sind systematische Abweichungen von diesem Verlauf zu erkennen. Der gleichbleibende und der steigende Verzug verursachen ein und denselben Masse-Verlauf, der sich durch ein Maximum in Spindelnähe und durch ein Minimum in der Mitte des Verzugsfeldes auszeichnet. Demzufolge müssen diesen beiden Verzugsarten einander ähnliche Verzugsmechanismen zugrunde liegen. Das in der Mitte des Verzugsfeldes liegende Minimum ist ein Beweis dafür, daß die wirksame Verzugsgröße nicht konstant ist. Demzufolge kann beim gleichbleibenden Verzug nicht nur ein »Hauptverzug« (am Lieferzylinderpaar) wirksam sein, sondern es muß darüber hinaus im gesamten Verzugsfeld und während der ganzen Wagenausfahrt ein zusätzlicher Verzug, d. h. ein »Nebenverzug« existieren. Dieser »Nebenverzug« hat allerdings nicht die eingangs postulierte Wirkung, denn sonst müßte die im Verzugsfeld anzutreffende Faserverbandsmasse mit wachsender Entfernung von der Spindelspitze zunehmen.

5.2 Drehungsfortpflanzung im Verzugsfeld

Die Frage, warum der Masse-Verlauf nicht der erwarteten Form entspricht, war durch weitere Untersuchungen der Faserverbandsmasse nicht zu klären. Auf Grund zuvor gesammelter Erfahrungen [21] wurde deshalb der im Verzugsfeld herrschende Drehungszustand in die Untersuchung einbezogen, wofür der schon beschriebene Standspinner und das im Kap. 3 gekennzeichnete Vorgarn Verwendung fanden. Die entsprechenden Versuche erfolgten nach folgendem Schema:

[7] Die Masse der Faserverbandsabschnitte wird dementsprechend als m (6), m (25) usw. bezeichnet.

Während einiger Zyklen arbeitete der Standspinner zunächst in »normaler Weise«, bis er in der inneren Totlage angehalten und sein Spindelantrieb während eines etwa 5 s dauernden Stillstandes abgeschaltet wurde. Bei der nachfolgenden Wagenausfahrt unterlag das Vorgarn zwar einem gleichbleibenden Verzug $d = 15\%$, jedoch erfolgte keine Drehungserteilung. Erst nachdem der Wagen eine gewisse Strecke s_W zurückgelegt hatte und erneut angehalten wurde, erhielt der Faserverband eine definierte Drehungsanzahl. Diese Drehungsanzahl variierte von Versuch zu Versuch und entsprach, bei jeweils konstantem Wagenweg s_W, den Drehungskoeffizienten $\alpha = 0$; 40; 80 bzw. 120. Der Wagenweg betrug $s_W = 0$; 25; 48 bzw. 88 cm. Im Anschluß an die Drehungserteilung wurden von 48 im Verzugsfeld befindlichen Faserverbänden ein oder mehrere Abschnitte entnommen. Die Drehungsmessung an diesen Abschnitten erfolgte nach dem Spannungsfühler-Verfahren (Einspannlänge: 8 cm) und lieferte die Werte $\bar{D}(s_F)$ (Abb. 9).

Durch diese Modellversuche sollte geklärt werden, ob Drehungen des Restfadenstückes in den neu hinzukommenden Faserverband wandern. Die in der Abb. 9 dargestellten Ergebnisse beweisen, daß tatsächlich eine derartige Drehungswanderung existiert. Es vollzieht sich ein gewisser Drehungsausgleich oder genauer gesagt: eine Drehungsangleichung, und zwar dann, wenn während der Wagenausfahrt keine Drehungen erteilt werden. Das Kriterium dieser Angleichung ist nicht die Drehungsanzahl, sondern das Drehmoment. Wegen der Relaxation des Drehmomentes liegt dabei die Drehungsanzahl des Restfadenstückes stets über der des übrigen Faserverbandes.

Sobald nach dem Wagenstillstand Drehungen erteilt werden, nimmt der gesamte Faserverband, d. h. auch das Restfadenstück Drehungen auf. Allerdings ist in der Mitte des Verzugsfeldes stets eine geringere Drehung als am Rand, d. h. im Restfadenstück und am Lieferzylinderpaar, anzutreffen. Im Endstadium, d. h. nach der für einen Drehungskoeffizienten von $\alpha = 120$ erforderlichen Drehungserteilung, liegt die Drehung im Restfadenstück und auch im übrigen Faserverband höher als vor der Wagenausfahrt im ursprünglich vorhandenen Restfadenstück. Das letztgenannte Phänomen hätte sicher nicht beobachtet werden können, wenn der Verzug und die Drehungserteilung gleichzeitig erfolgt wären. Beim gleichzeitigen Ablauf dieser beiden Vorgänge gehen offensichtlich Drehungen »verloren«.

Die Ergebnisse dieser Drehungsuntersuchung ermöglichen es, den Verzugsvorgang beim gleichbleibenden und beim steigenden Verzug nunmehr genauer, und zwar wie folgt zu beschreiben: Außer den Drehungen, die dem neu hinzukommenden Faserverband während der Wagenausfahrt erteilt werden, enthält dieser auch noch aus dem Restfadenstück stammende Drehungen, die in den neu hinzugekommenen Faserverband gewandert sind. Die absolute Anzahl dieser wandernden Drehungen ist zwar gering, der relative Anteil erreicht jedoch in der ersten Phase der Wagenausfahrt (Zentimeter- und unterer Dezimeterbereich) beträchtliche Werte. Damit bestehen in dieser Phase andere Verzugsbedingungen, als es während der weiteren Wagenausfahrt der Fall ist, d. h. die höhere Drehungsanzahl erschwert den Verzug, insbesondere den beim gleichbleibenden Verzug wirkenden »Nebenverzug«. Deshalb *muß* sich beim gleichbleibenden Verzug der schon erläuterte Masse-Verlauf ergeben. Beim steigenden Verzug ist die Verzugsfähigkeit des Faserverbandes zunächst ebenfalls behindert, so daß die beiden Verzugsarten hinsichtlich des Masse-Verlaufs die gleiche Tendenz haben müssen und tatsächlich auch haben (Abb. 8). Beim Wagenverzug wird der Faserverband erst in der letzten Phase der Wagenausfahrt verzogen, wobei kein Nebenverzug in Erscheinung tritt. Deshalb ist der vorstehend geschilderte Mechanismus für den Wagenverzug bedeutungslos.

Zusammenfassend ist also festzustellen, daß beim gleichbleibenden Verzug zwischen einem »Hauptverzug«, der in Lieferzylindernähe wirksam ist, und einem »Nebenverzug«, der während der ganzen Wagenausfahrt und im gesamten Verzugsfeld auf den Faserverband einwirkt, unterschieden werden kann. Allerdings hat der »Nebenverzug« während der ersten Phase der Wagenausfahrt keinen wesentlichen Einfluß, weil aus dem Restfadenstück eine gewisse Drehungsanzahl in den neu hinzukommenden Faserverband wandert. Dadurch wird die Verzugsfähigkeit des Faserverbandes beeinträchtigt. Der »Nebenverzug« liefert die Erklärung für die Tatsache, daß auch beim gleichbleibenden Verzug eine Vorgarnvergleichmäßigung möglich ist.

6. Zusammenfassung

Es war zu untersuchen, ob sich durch den Selfaktorverzug eine Vorgarnvergleichmäßigung erzielen läßt. Ausgangspunkt der Betrachtungen ist der Begriff »Vergleichmäßigung«, dessen Informationsgehalt an Hand der Ungleichmäßigkeitstheorie diskutiert wurde. Die Vergleichmäßigung läßt sich nur durch die Veränderung der Faseranzahlverteilung beschreiben, wobei diese Verteilung – jeweils mit gewissen Einschränkungen – zum Beispiel optisch oder kapazitiv gemessen werden kann. Für die Untersuchung der zahlreichen Streichgarne kam das optische Meßprinzip zur Anwendung. Aus den Messungen resultieren Längenvariationskurven der optischen Ungleichmäßigkeit, bei denen wegen der speziellen Problemstellung nur der jeweilige Anteil der »Längsstreuung« von Interesse ist. Diese von der »Querstreuung« unabhängigen Längenvariationskurven dienen als Kriterium für einen Vergleichmäßigungseffekt.
Für die Garnherstellung stand ein Selfaktor (Standspinner) vom Typ MaK 644 V zur Verfügung. Es wurde untersucht, ob sich bei der Garnherstellung durch eine Variation der Parameter

Verzugsart (Wagenverzug, gleichbleibender sowie steigender Verzug)
Verzugsgröße
Wagenausfahrtszeit und
Schließdraht-Charakteristik

das Vorgarn vergleichmäßigen läßt. Dabei konnte festgestellt werden, daß eine Vergleichmäßigung nicht nur beim Wagenverzug und beim steigenden Verzug, sondern auch beim gleichbleibenden Verzug möglich ist. Die maximale Vergleichmäßigungswirkung läßt sich erzielen, wenn der Wagenverzug mit einer langen Ausfahrtszeit und mit einem relativ schnellen Fadenschluß kombiniert wird. Eine Vergleichmäßigung ist jedoch auch dann möglich, wenn eine kurze Ausfahrtszeit, die eine höhere Produktionsleistung zur Folge hat, mit einer beliebigen Verzugsart Verwendung findet. Der Faserverband muß dafür relativ weit geschlossen sein, ohne daß seine Verzugsfähigkeit beeinträchtigt ist.
Dem Phänomen, daß sich auch beim gleichbleibenden Verzug eine Vorgarnvergleichmäßigung ergeben kann, wurde besondere Aufmerksamkeit geschenkt. Für die Erklärung mußte angenommen werden, daß außer dem am Lieferzylinderpaar angreifenden »Hauptverzug« ein »Nebenverzug« existiert. Dieser »Nebenverzug« soll während der ganzen Wagenausfahrt und im gesamten Verzugsfeld auf den Faserverband einwirken. Diese Annahme ließ sich durch eine Untersuchung der Masseverteilung und der Drehungswanderung im Verzugsfeld bestätigen.

7. Literaturverzeichnis

[1] Wegener, W., Die Streckwerke der Spinnereimaschinen. Berlin/Heidelberg/New York, Springer Verlag 1965.

[2] Sattler, E., Die Beeinflussung der Qualität und der Produktionsgeschwindigkeit des Streichgarnes durch Manipulation und Einstellung der Spinnereimaschinen. Dissertation. TH Stuttgart 1953.

[3] Angus, J., und J. G. Martindale, Spindle drafting of woollen slubbings. Textile Res. 26 (1956), 698–717.

[4] Boroczy, E., Der pulsierende Verzug auf dem Selfaktor. Faserforschung und Textiltechnik 7 (1956), 311–316.

[5] Boroczy, E., Untersuchungen über den Drallverzug an einem Zweiriemen-Wagenspinner. Faserforschung und Textiltechnik 13 (1962), 34–42, 87–94.

[6] McNair, W. D., und N. H. Chamberlain, Some factors affecting yarn formation in woollen mule spinning. Part III – Irregularity changes during drafting. Journ. Textile Inst. 49 (1958), T 119–T 130.

[7] Schmalz, J., Regelung des Drahtes beim Spinnen mit dem Wagenspinner. Reyon, Zellw. u. a. Chemiefas. (1959), 438–446.

[8] Schmalz, J., Die Auswirkung der Einflußgrößen des Drehverzuges auf die Vergleichmäßigung der Fasermasse von Streichgarnen. Z. ges. Textilind. 64 (1962), 1071–1074.

[9] Schmitz, W., Ist das Spinnen auf Selfaktoren in der Streichgarn-Industrie heute noch angebracht? Reyon, Zellw. u. a. Chemiefas. (1959), 306–309.

[10] Wegener, W., und H. Peuker, Einfluß des Streichgarn-Selfaktors und der Streichgarn-Ringspinnmaschine auf die Ungleichmäßigkeit der Garne, Gewebe und Gewirke. Z. ges. Textilind. 61 (1959), 155–164, 206–213.

[11] Wegener, W., und H. Peuker, Die optimale Gestaltung des Selfaktor-Drehverzuges und des Ringspinnmaschinen-Falschdrahtverzuges in der Streichgarnspinnerei. Z. ges. Textilind. 63 (1961), 922–926, 1028–1036; 64 (1962), 22–31, 98–109, 167–172.

[12] Ichino, T., S. Kurosaki und F. Konda, Studies on woollen mule. Soc. Text. and Cell. Ind. 16 (1960), 475, 648; 18 (1962), 600, 701, 825.

[13] Hogley, B., Further observations on the behaviour of slubbings during spindle drafting. J. Textile Inst. 53 (1962), T 309–T 317.

[14] Wegener, W., und E. G. Hoth, Die Überlagerungsmethode zur Bestimmung der idealen Längenvariationsfunktion. Melliand Textilber. 44 (1963), 237–246.

[15] Ehrler, P., Systemanalyse der Faseranzahl- und Masseverteilung von Faserverbänden. Diss. TH Aachen. Fak. für Maschinenwesen 1969, vgl. auch: Wegener, W., und P. Ehrler, Gegenwärtige Vorstellungen über die Ungleichmäßigkeit idealisierter und realer Faserverbände. Melliand Textilber. 51 (1970), 127–133.

[16] Sust, A., und A. Barella, Twist, diameter and uneveness of yarns – a new approach. J. Textile Inst. 55 (1964), T 1–T 8.

[17] Wegener, W., und P. Ehrler, Eine Analyse der Vorgarnschwankungen an Streichgarn-Krempelassortimenten. Forschungsbericht Nr. 1335 des Landes Nordrhein-Westfalen, Köln u. Opladen, Westdeutscher Verlag 1964.

[18] Wegener, W., und P. Ehrler, Eine vereinfachte Qualitätskontrolle für die Streichgarnspinnerei. Forschungsbericht Nr. 1836 des Landes Nordrhein-Westfalen, Köln u. Opladen, Westdeutscher Verlag 1967.

[19] Wegener, W., und R. Hedwig, Selbsttätig registrierendes Gleichmäßigkeitsprüfgerät mit fotoelektrisch arbeitendem Meßwertgeber und vergleichende Untersuchungen mit anderen Methoden. Forschungsbericht Nr. 2002 des Landes Nordrhein-Westfalen, Köln u. Opladen, Westdeutscher Verlag 1968.

[20] Wegener, W., Die Mehrfach-Summations- und Auswertanlage Aachen II. Melliand Textilber. 46 (1965), 1284–1292.

[21] Wegener, W., und P. Ehrler, Gewicht und spezifischer Draht eines Faserverbandes während der Fadenbildung auf einem Standspinner. Z. ges. Textilind. 66 (1964), 50–56, 109–116.

Anhang

Abb. 1a Standspinner des Typs MaK 644 V
Ansicht

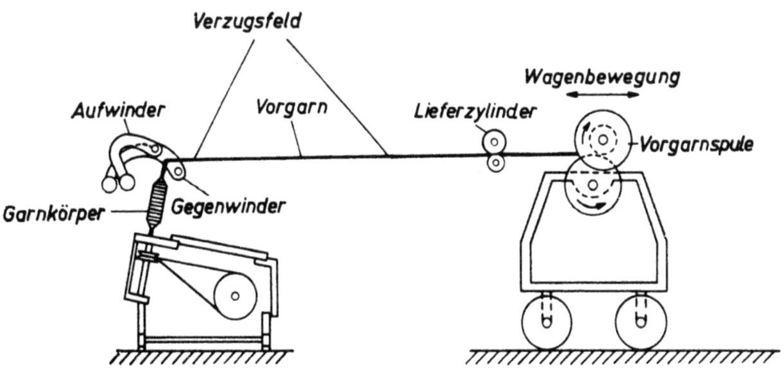

Abb. 1b Standspinner des Typs MaK 644 V
Schematische Darstellung

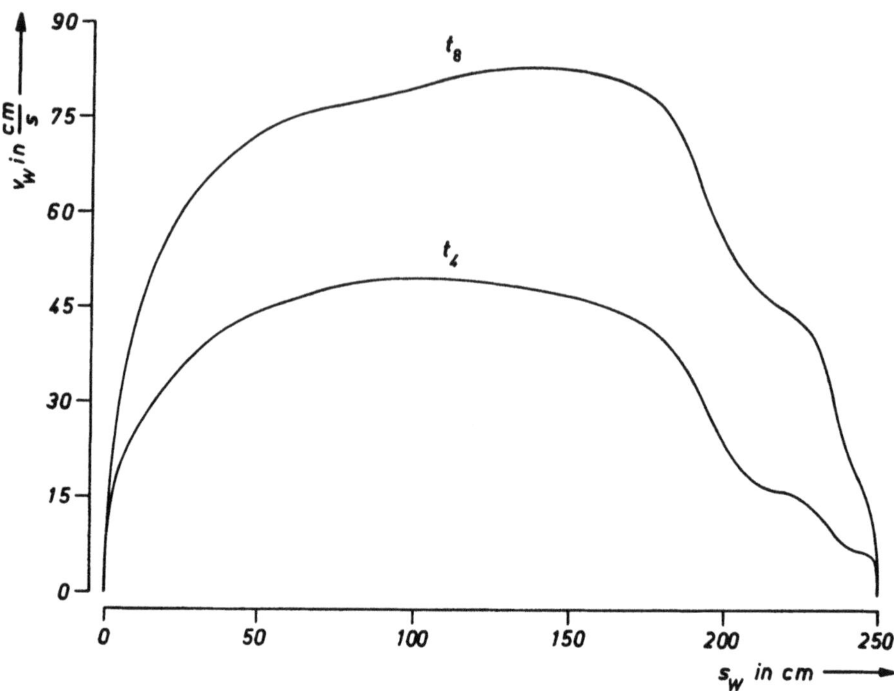

Abb. 2 Die Wagengeschwindigkeit v_W als Funktion des Wagenweges s_W

t_4, t_8 Ausfahrtszeit

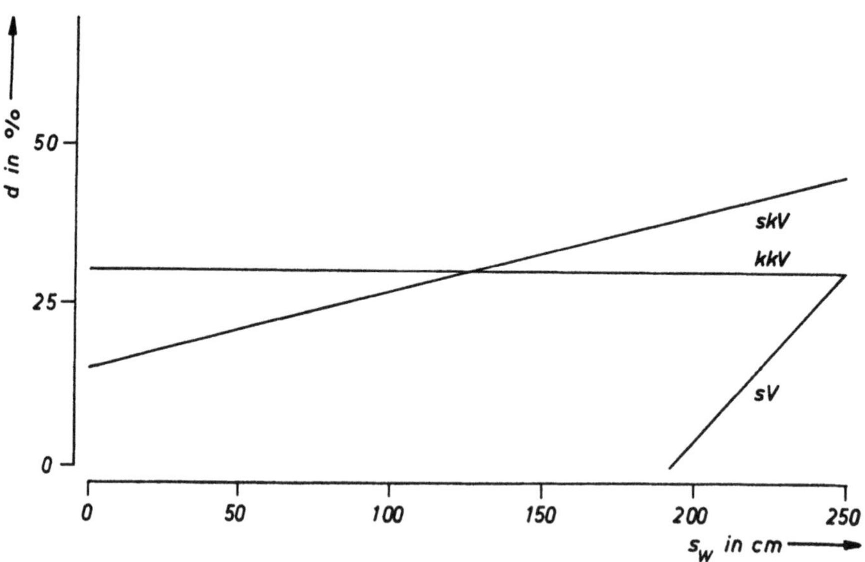

Abb. 3 Die Verzugsgröße $d = 30\%$ als Funktion des Wagenweges s_W

Parameter: Verzugsart

sV	Wagenverzug
kkV	gleichbleibender Verzug
skV	steigender Verzug

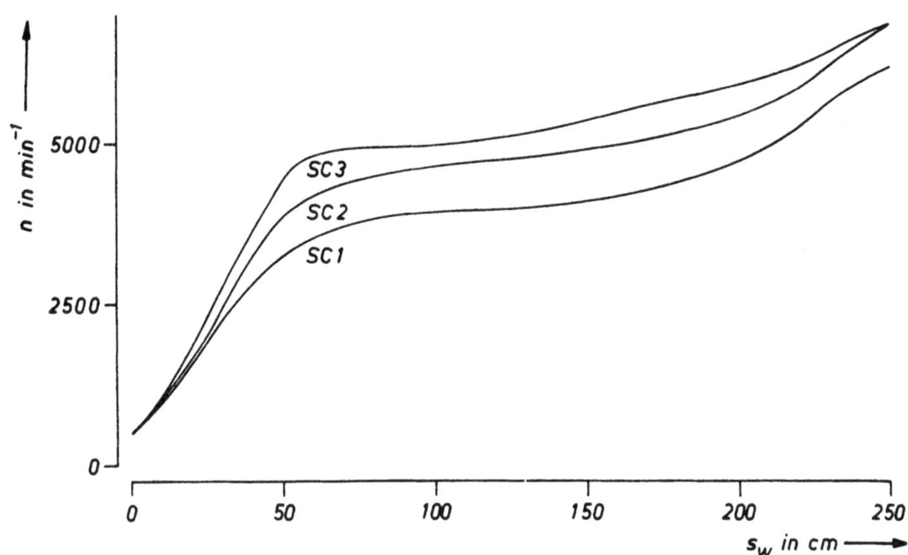

Abb. 4 Spindeldrehzahl n während der Wagenausfahrt (ausgewähltes Beispiel)
s_W Wagenweg
SC 1, SC 2, SC 3 Schließdraht-Charakteristiken

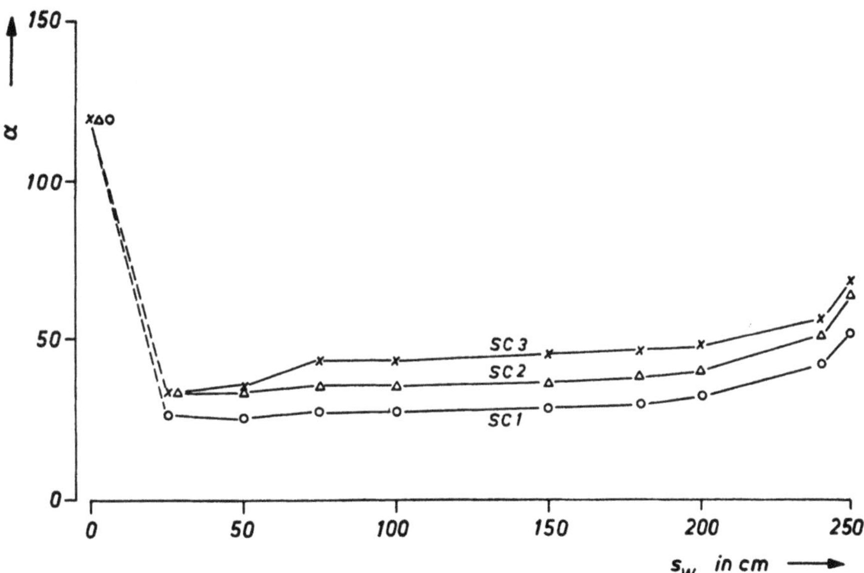

Abb. 5 Schließdraht-Charakteristik $\alpha = f(s_W)$ (ausgewähltes Beispiel)
Verzugsart: Zylinderverzug; Verzugsgröße $d = 45\%$
Ausfahrtszeit: $t_8 = 6{,}6$ s
α Drehungskoeffizient (vgl. Kap. 2)
s_W Wagenweg

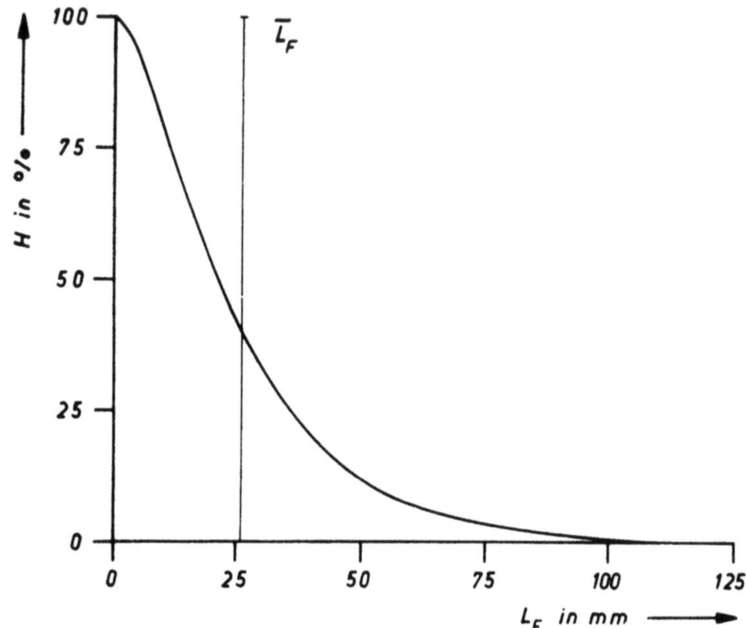

Abb. 6 Faserlängenverteilung in Summenhäufigkeitsdarstellung
L_F Faserlänge
H Summenhäufigkeit

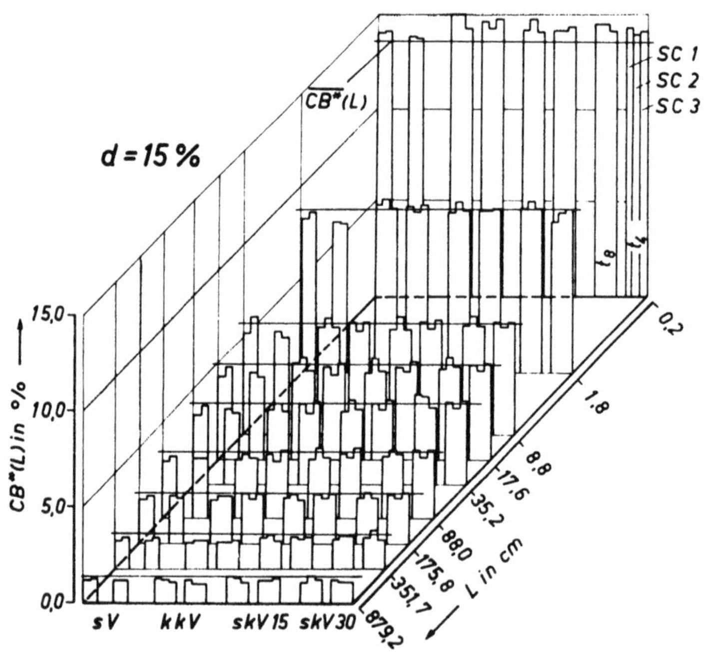

Abb. 7a $CB^*(L)$-Werte der optischen Ungleichmäßigkeit für einen Verzug von $d = 15\%$
Verzugsgröße d; Verzugsart sV, kkV, skV; Ausfahrtszeit t; Schließdraht-Charakteristik SC (Erläuterung: vgl. Kap. 3)
L Summationslänge
ausgezogene Linien mittlere optische Ungleichmäßigkeit des Vorgarnes $\overline{CB^*}(L)$

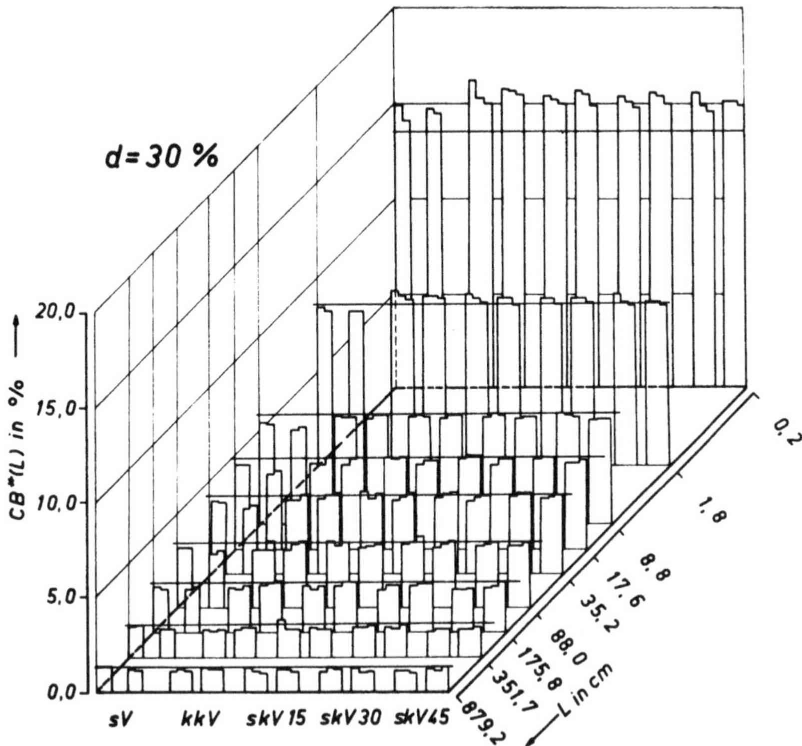

Abb. 7b $CB^*(L)$-Werte der optischen Ungleichmäßigkeit für einen Verzug von $d = 30\%$
Verzugsgröße d; Verzugsart sV, kkV, skV; Ausfahrtszeit t; Schließdraht-Charakteristik SC (Erläuterung: vgl. Kap. 3)

L	Summationslänge
ausgezogene Linien	mittlere optische Ungleichmäßigkeit des Vorgarnes $\overline{CB^*}(L)$

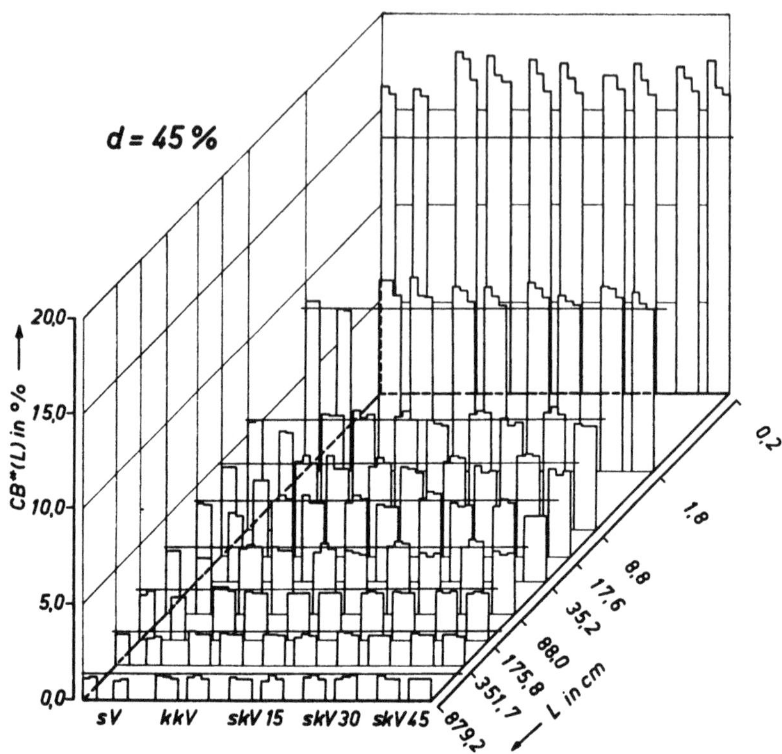

Abb. 7c $CB^*(L)$-Werte der optischen Ungleichmäßigkeit für einen Verzug von $d = 45\%$
Verzugsgröße d; Verzugsart sV, kkV, skV; Ausfahrtszeit t, Schließdraht-Charakteristik SC (Erläuterung: vgl. Kap. 3)

L	Summationslänge
ausgezogene Linien	mittlere optische Ungleichmäßigkeit des Vorgarnes $\overline{CB^*}(L)$

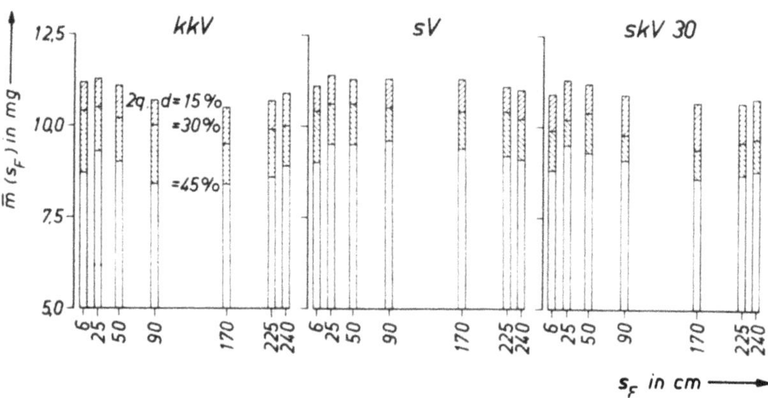

Abb. 8 Verteilung der mittleren Fadenmasse $\bar{m}(s_F)$ im Verzugsfeld
Länge der jeweils betrachteten Fadenabschnitte: 10 cm

s_F	Abstand des Mittelpunktes eines Fadenabschnittes von der Spindelspitze
d	Verzugsgröße
$2q$	Vertrauensbereich für eine statistische Sicherheit $S = 95\%$
kkV	gleichbleibender Verzug
sV	Wagenverzug
skV 30	steigender Verzug mit einer Verzugsdifferenz von 30%

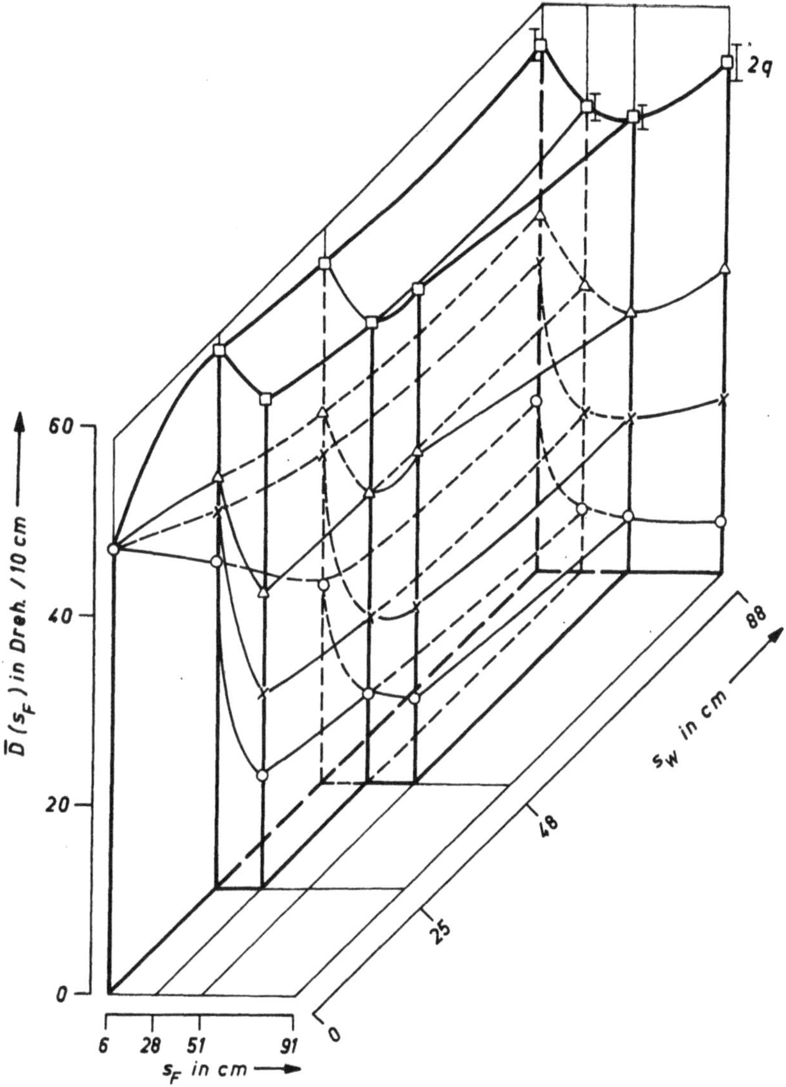

Abb. 9 Drehungsverteilung im Verzugsfeld

Gleichbleibender Verzug mit $d = 15\%$

$\overline{D}(s_F)$	mittlere Drehungsanzahl in ausgewählten Fadenabschnitten
s_F	Abstand des Mittelpunktes eines Fadenabschnittes von der Spindelspitze
s_W	vom Wagen zurückgelegter Weg
$2q$	Vertrauensbereich für eine statistische Sicherheit $S = 95\%$

Drehungserteilung nach der Wagenausfahrt:

○	$\alpha = 0$
×	$\alpha = 40$
△	$\alpha = 80$
□	$\alpha = 120$

Forschungsberichte des Landes Nordrhein-Westfalen

Herausgegeben im Auftrage des Ministerpräsidenten Heinz Kühn
von Staatssekretär Professor Dr. h. c. Dr. E. h. Leo Brandt

Sachgruppenverzeichnis

Acetylen · Schweißtechnik

Acetylene · Welding gracitice
Acétylène · Technique du soudage
Acetileno · Técnica de la soldadura
Ацетилен и техника сварки

Arbeitswissenschaft

Labor science
Science du travail
Trabajo científico
Вопросы трудового процесса

Bau · Steine · Erden

Constructure · Construction material · Soilresearch
Construction · Matériaux de construction · Recherche souterraine
La construcción · Materiales de construcción · Reconocimiento del suelo
Строительство и строительные материалы

Bergbau

Mining
Exploitation des mines
Minería
Горное дело

Biologie

Biology
Biologie
Biologia
Биология

Chemie

Chemistry
Chimie
Quimica
Химия

Druck · Farbe · Papier · Photographie

Printing · Color · Paper · Photography
Imprimerie · Couleur · Papier · Photographie
Artes gráficas · Color · Papel · Fotografía
Типография · Краски · Бумага · Фотография

Eisenverarbeitende Industrie

Metal working industry
Industrie du fer
Industria del hierro
Металлообработывающая промышленность

Elektrotechnik · Optik

Electrotechnology · Optics
Electrotechnique · Optique
Electrotécnica · Optica
Электротехника и оптика

Energiewirtschaft

Power economy
Energie
Energía
Энергетическое хозяйство

Fahrzeugbau · Gasmotoren

Vehicle construction · Engines
Construction de véhicules · Moteurs
Construcción de vehículos · Motores
Производство транспортных средств

Fertigung

Fabrication
Fabrication
Fabricación
Производство

Funktechnik · Astronomie

Radio engineering · Astronomy
Radiotechnique · Astronomie
Radiotécnica · Astronomía
Радиотехника и астрономия

Gaswirtschaft
Gas economy
Gaz
Gas
Газовое хозяйство

Holzbearbeitung
Wood working
Travail du bois
Trabajo de la madera
Деревообработка

Hüttenwesen · Werkstoffkunde
Metallurgy · Materials research
Métallurgie · Matériaux
Metalurgia · Materiales
Металлургия и материаловедение

Kunststoffe
Plastics
Plastiques
Plásticos
Пластмассы

Luftfahrt · Flugwissenschaft
Aeronautics · Aviation
Aéronautique · Aviation
Aeronáutica · Aviación
Авиация

Luftreinhaltung
Air-cleaning
Purification de l'air
Purificación del aire
Очищение воздуха

Maschinenbau
Machinery
Construction mécanique
Construcción de máquinas
Машиностроительство

Mathematik
Mathematics
Mathématiques
Matemáticas
Математика

Medizin · Pharmakologie
Medicine · Pharmacology
Médecine · Pharmacologie
Medicina · Farmacología
Медицина и фармакология

NE-Metalle
Non-ferrous metal
Metal non ferreux
Metal no ferroso
Цветные металлы

Physik
Physics
Physique
Física
Физика

Rationalisierung
Rationalizing
Rationalisation
Racionalización
Рационализация

Schall · Ultraschall
Sound · Ultrasonics
Son · Ultra-son
Sonido · Ultrasónico
Звук и ультразвук

Schiffahrt
Navigation
Navigation
Navegación
Судоходство

Textilforschung
Textile research
Textiles
Textil
Вопросы текстильной промышленности

Turbinen
Turbines
Turbines
Turbinas
Турбины

Verkehr
Traffic
Trafic
Tráfico
Транспорт

Wirtschaftswissenschaften
Political economy
Economie politique
Ciencias económicas
Экономические науки

Einzelverzeichnis der Sachgruppen bitte anfordern

Springer Fachmedien Wiesbaden GmbH
567 Opladen/Rhld., Ophovener Straße 1–3, Postfach 1620

www.ingramcontent.com/pod-product-compliance
Ingram Content Group UK Ltd.
Pitfield, Milton Keynes, MK11 3LW, UK
UKHW061700190726
13853UKWH00008B/2313
* 9 7 8 3 6 6 3 0 6 0 1 5 4 *